中国航天基金会 CHINA SPACE FOUNDATION 本项目由中国航天基金会支持

我们必须征服宇宙

中国航天奠基人
钱学森的人生传奇

第5册

他日归来

钱永刚/主编
顾吉环 邢海鹰/编著
上尚印象/绘

小猛犸童书

电子工业出版社
Publishing House of Electronics Industry
北京·BEIJING

"你在一个晴朗的夏夜，
望着繁密的闪闪群星，
有一种可望而不可及的失望吧！
我们真的如此可怜吗？
不，绝不！
我们必须征服宇宙！"

1945年6月20日，钱学森从欧洲回到美国，完成了作为美国国防部科学咨询团成员的考察任务，重新开始了他在加州理工学院的科学研究和教学工作。

在此期间，钱学森主持编写了长达800多页的《喷气推进》专著。

同年，钱学森还在美国《航空科学》杂志上，发表了一篇题为《核能燃料用于飞机推进发动机之可能性》的文章。

是一个叫作钱学森的中国人写的。

这篇文章很有价值！

1946年夏，冯·卡门教授因与加州理工学院产生分歧而辞职，钱学森也随恩师离开了加州理工学院。

钱，欢迎你回来。

1946年暑假结束后，钱学森来到麻省理工学院任教，负责空气动力学研究生的教学工作。

航空系主任汉萨克教授。

1946年10月，钱学森承担了美军研制固体燃料火箭和建造超声速风洞的任务。

1947年2月，钱学森被破格晋升为麻省理工学院正教授。

我向学院提议晋升你为正教授，让冯·卡门教授写推荐信。

众多科学家、学者相聚在麻省理工学院航空系大厅，院长热情地向大家介绍了钱学森。

WELCOME

欢迎，欢迎。

INTO SPACE
HSUE-SHEN

下面有请我们学院最年轻的教授为大家演讲——《飞向太空》！

《飞向太空》是钱学森在航天航空事业中一个梦想的延伸，主要讨论的话题便是火箭。在演讲中，钱学森讲述了火箭的历史、火箭的原理、火箭现今的发展状况，以及火箭未来诱人的前景。

在演讲的结尾，钱学森断言，人类终有一天能通过火箭前往太空，掀开人类探索太空事业的新篇章。

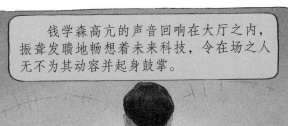

钱学森高亢的声音回响在大厅之内，振聋发聩地畅想着未来科技，令在场之人无不为其动容并起身鼓掌。

你的演讲真是让人大开眼界！

作为第一个在这种场合作演讲报告的中国人，钱学森心中满是骄傲与自豪。

1947年7月，钱学森得知父亲钱均夫患病需要动手术，决定回国探亲。

同年9月17日，钱学森同青梅竹马的蒋英在上海和平饭店举行了隆重的婚礼。

1947年9月26日，钱学森婉拒国民政府留驻国立交通大学担任校长的邀请，离开上海，返回了美国。

1948年10月，钱学森与蒋英有了第一个孩子，取名永刚。

1949年9月，钱学森与恩师冯·卡门一起回到了加州理工学院。钱学森担任古根海姆喷气推进中心主任和航空系教授。

DANIEL GVGGENHEIM
GRADVATE SCHOOL
OF AERONAVTICS

他们说您找我有事。

嗯……唉……

我的母亲和妹妹都离世了，我也准备走了，你来接替我的工作吧。

什么？！

您要去哪儿呢？

我准备去巴黎，作为美国政府的顾问，参与联合国教科文组织组建国际宇航联合会的工作。

恩师，保重，再会！

钱学森接手了冯·卡门的事业。

1949年12月，钱学森参加了美国火箭协会在纽约召开的会议。

在30年之内，人类就有可能登上月球！

《时代》《纽约时报》《飞行》……各种杂志封面上全是钱学森的照片。

此时的钱学森正是事业的辉煌时期，而大洋彼岸的中国，也发生着翻天覆地的变化。

1949年10月1日下午三点，中华人民共和国举行开国大典。毛泽东在北京天安门城楼上宣读了《中华人民共和国中央人民政府公告》，庄严宣告中华人民共和国中央人民政府成立。

钱学森一边筹备回国，一边处理回国前的相关事宜。

钱，你找我有什么事吗？

加州理工学院院长。

很感激你这段时间的照顾。

1950年6月朝鲜战争爆发，反对共产党的麦卡锡主义在美国横行，许多学者和科学家都被列入黑名单，钱学森也在其中。

在麦卡锡主义者的大肆鼓噪之下，美国开始了"清共"运动。

打倒奥本海默！

打倒爱因斯坦！

这些人太不讲道理了。

不管他们，我们抓紧时间安排好回国的事情。

行李我已经打包好了，就等运回国了。

谁是钱学森？

在喷气推进中心，钱学森正在做研究，几名联邦调查局的工作人员突然造访。

我就是钱学森，请问有什么事吗？

几名联邦调查局人员把钱学森团团围住。

我们查到你曾经的同事马林纳是共产党员。

我想你们应该是搞错了。

我们还查到你的朋友威因鲍姆也是共产党员。

所以你们的意思是？

我们有充分的理由怀疑你也是共产党员。

我也希望我是一名光荣的共产党员，可惜我不是。

你不要狡辩。

如果你肯指认他们，我们会对你宽大处理的。

我是科学家，我拒绝指认他们莫须有的罪名。

哼，钱学森，你记住，你会后悔的。

随后，加州理工学院接到秘密通知。

钱，我们接到通知，你从事机密研究的安全许可证被吊销，研究工作要暂停了。

好，我知道了。

其实这对我们来说未尝不是一件好事。

为什么?

他们这样做正好可以让我辞掉军方的工作，马上落实回国探亲的事情，借机离开美国。

你准备什么时候和他们说呢?

就这几天，我准备去一趟五角大楼。

好，你安排好了就行，先吃饭吧。

院长，这是我的辞职信。

什么？你要辞职？

我曾为科研做出了巨大的贡献，受到大家的喜爱，如今我这位受欢迎的客人已不复存在，一片怀疑的乌云笼罩在我头上，我能做的就是离开。

钱学森向院长深深地鞠了一躬。

头也不回地走出了院长办公室。

钱学森来到了古根海姆喷气推进中心，开始整理自己的书本、笔记、草稿……

钱，你这是？

我已经辞职了，以后喷气推进中心的工作就交给你们了。

研究文件我放在抽屉里了，钥匙以后就由你保管啦！

怎么会这样……

再会。

朝鲜战争爆发后，中国政府准备抗美援朝。

现在中美关系日益紧张，我们得抓紧时间回国。

钱学森将整理好的书籍、资料、手稿等物品装了8个大箱子，准备海运至香港，再转到国内。

美国至香港的船票没有了，我们只能从渥太华飞往香港，这是最快的航班。

就这样，一定要尽快离开。

钱学森要回国的消息在美国科研界传开，大家纷纷表示惋惜。

真是太可惜了。

8月23日，来到华盛顿的钱学森拜访了海军部副部长丹尼尔·金贝尔。

我是来向你告别的。

为什么？因为联邦调查局吗？

是，我留在这里毫无意义，我要回国。

中国有什么好的，那里无法给你优越的科研条件，我让他们把安全许可证重新发给你就是了！

新中国已经成立，我定当回去奋斗，我心意已决。

我很清楚你的价值，你可以再考虑一下。

谢谢你的好意。

你知道太多科研机密了，你不能回中国。

我为火箭技术做出了不可磨灭的贡献，你们不能平白无故地限制我的人身自由！

那天，钱学森愤然离开了丹尼尔·金贝尔的办公室。

我需要你们限制钱学森出境，他绝对不能离开美国。

钱学森知道火箭、导弹的军事机密，无论如何都不能放他走！

钱学森一个人抵得上五个海军陆战师！我宁愿枪毙了他，也不要他回中国去！

在洛杉矶，钱学森刚下飞机，两名移民局的探员走到钱学森面前，递上一份公文。

钱学森先生，你被禁止离开美国。

我被禁止离开美国了。

那怎么办？美国政府也太不讲理了。

不用担心，我将向学院反映并发表声明。

别气馁，要和他们斗争到底。

你的行李已经被依法扣留了。

第二天，钱学森来到美国海关准备取回自己托运的行李。

为什么？你们没有资格扣押我的个人行李。

你的行李里有机密文件，违反了《出口控制法》和《间谍法》。

我的行李里没有任何机密文件，你们这是诬陷！

这些话你留着和联邦调查局的人说吧。

1950 年 9 月 6 日这一天，蒋英抱着两个月大的女儿哼唱着摇篮曲，钱学森像往常一样坐在书桌前写着论文报告。

一阵急促的敲门声响起。

钱学森警惕地打开门，只见门口站着两名警察，手里拿着手铐、腰间别着枪。

请问你是钱学森吗？

是的，找我有什么事？

你违反了美国《移民法》，麻烦你跟我们走一趟。

你们太过分了！

别担心，我很快就回来。

欲加之罪何患无辞，知道吗？那是对数表。

抱歉，我们必须将你进行关押，直到你承认自己的罪行。

　　钱学森被送进了移民局设在特米诺岛上的拘留所里，这里专门关押偷渡犯。

　　美国当局对钱学森的迫害激起了中国科学界和美国科学界人士的不满，纷纷要求释放钱学森。

钱学森是无辜的，我们要想办法救他出来。

我已经为他找了辩护律师。

在华盛顿，加州理工学院院长和钱学森的律师进行着谈话。

钱学森不可能运送机密文件回国。

我们要搞清楚钱学森行李箱里的文件到底是什么。

他的夫人说行李箱里只是一些课堂笔记和科研手稿而已。

我知道了，我会安排你和钱学森见一面。

那就麻烦你了。

我们的目标是一致的！

钱学森因为莫须有的罪名被关在监狱里,十分愤怒。

嘿!钱学森,有人来看你了。

探访者正是加州理工学院院长和辩护律师库柏。

我们正在建议为你准备听证会。

你放心,我已经致电海军部副部长金贝尔,并向他说明你的清白。

他们简直欺人太甚!非常感谢你们。

终于，到了听证会当天。

请问你是什么时候来的美国？

听证会期间，狡诈的检察官对钱学森进行了刁钻的盘问。

1935 年。

你能告诉我，你是全心全意为美国政府做事的吗？

当然，我用我的知识为美国政府服务，第二次世界大战就有我的贡献。

释放钱学森!

你们没有理由关押一位对科学有着巨大贡献的科学家。

我们需要思考对策。

有消息了，只要能缴纳15000美元的保释金，就可以保释钱学森了。

这么多钱?! 简直是敲诈勒索!

就是绑票大案的赎金也才1000美元，这政府太坏了!

一位学生站在捐献箱前十分气愤。

在特米诺终年阴暗潮湿、不见天日的牢房里，钱学森一日比一日虚弱。

你被保释了，可以走了。

学森你瘦多了，你还好吗？家里都挺好的。

我们先离开这里。

小心一点。

你每个月必须去洛杉矶当地的移民局登记报到，并且随时准备被传讯。

虽然钱学森被保释了，但美国政府却并未善罢甘休，变相"软禁"了钱学森。

钱学森家门外，两位联邦调查局人员正在对其进行着24小时密切监视。

联邦调查局人员甚至还会窃听钱学森家的电话。

你的信件，不知道被谁拆开了。

除了他们，还能有谁？他们限制了我们的自由。

钱学森的行李在经过美国当局两个多月的反复审查后，由于没有发现所谓的机密文件而退还给了钱学森。

你是否是一名共产党员？

钱学森被"软禁"时期依旧经常被审讯。

身为一名共产党员是非常光荣的事情，但很可惜我不是，我还不够格呢！

你忠于哪个国家？

我是中国人，当然忠于中国人民。

经过几次审讯，1951 年 4 月 26 日，移民局裁定钱学森的行为将危害美国国家安全，应该驱逐出境。

军事科技领域日新月异，美国是想拖着我，让我的思想和知识落后，这样就没办法给国家科研做贡献了。

钱学森被判驱逐出境，但是美国政府又矛盾地不让他离开。

美国政府太卑鄙了，我们不能坐以待毙。

我会想一个可以麻痹他们的办法。

什么办法？

我想选择工程控制论和物理力学这些新专业进行研究，让他们放松警惕。

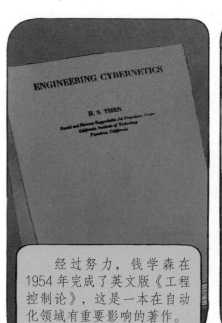

经过努力，钱学森在1954年完成了英文版《工程控制论》，这是一本在自动化领域有重要影响的著作。

钱学森将《工程控制论》和《物理力学讲义》送给了冯·卡门教授。

老师，这是我最后的答卷，我把它送给你当作纪念。

钱，我为你骄傲，你现在在学术上已经超过我了，我祝愿你有璀璨的未来。

1955年5月，钱学森已经被软禁五年了。

我想到离开的办法了。

父亲的好友陈叔通现在是全国人大常委会副委员长，我们可以给他写信，告诉他我的处境，请祖国营救我们。

我没有一日、一时、一刻不思念祖国，想回到祖国参加祖国的建设，报效祖国，但是美国以子虚乌有的罪名将我扣押于此，我心急如焚，我希望祖国能帮助我早日回国……

钱学森在信中还附上了一张1953年3月6日《纽约时报》的剪报。上面刊登了一篇题为《驱逐对美国不利》的文章：钱学森——加州理工学院著名的火箭专家，3月5日在洛杉矶被驱逐回中国，但同时又不许他离开美国，因为他的离去"不利于美国的最高利益"。

钱学森和蒋英走出家门，联邦调查局人员总是跟着他们。

在街边的咖啡厅，蒋英趁联邦调查局人员不注意，将信投进了附近的邮筒。

功夫不负有心人，陈叔通收到信后，将信拿给了周恩来总理。

总理，这是科学家钱学森寄来的信。

这封信很有价值，可以拆穿美国政府的谎言！

我们已经按照你们的要求，释放了11名美国公民回国，希望能看到你们的诚意。

1955年8月1日，中美两国在日内瓦联合国总部，举行了大使级会谈。

我们从未限制过中国公民的自由。我们在4月时就取消了对中国留学生的限制令。

既然4月取消了限制令，为何我们收到了科学家钱学森的求助信？你们将他软禁5年是何居心？

美国谈判大使一时间哑口无言。

8月8日，中美大使举行第四次会谈时，美国移民局决定同意钱学森离开美国，并签署了相关文件。

你可以离开美国了！

我们终于可以回家了！

真是太好了！

钱，再见，我们会想念你的。

钱学森终于登上了"克利夫兰总统号"邮轮，踏上了日思夜想的归国之路。

请看下一册

《 我们必须征服宇宙
第6册 星弹伟业 》

未经许可，不得以任何方式复制或抄袭本书之部分或全部内容。
版权所有，侵权必究。

图书在版编目（CIP）数据

我们必须征服宇宙. 第5册 / 钱永刚主编；顾吉环, 邢海鹰编著；上尚印象绘. -- 北京：
电子工业出版社, 2023.9
ISBN 978-7-121-45988-7

Ⅰ.①我… Ⅱ.①钱… ②顾… ③邢… ④上… Ⅲ.①航天 – 少儿读物 Ⅳ.①V4-49

中国国家版本馆CIP数据核字（2023）第131836号

责任编辑： 季　萌
印　　刷： 当纳利（广东）印务有限公司
装　　订： 当纳利（广东）印务有限公司
出版发行： 电子工业出版社
　　　　　 北京市海淀区万寿路173信箱 邮编：100036
开　　本： 889×1194　1/16　印张：36　字数：223.2千字
版　　次： 2023年9月第1版
印　　次： 2023年9月第1次印刷
定　　价： 248.00元（全12册）

凡所购买电子工业出版社图书有缺损问题，请向购买书店调换。若书店售缺，请与本社
发行部联系，联系及邮购电话：（010）88254888，88258888。
质量投诉请发邮件至zlts@phei.com.cn，盗版侵权举报请发邮件至dbqq@phei.com.cn。
本书咨询联系方式：（010）88254161转1860，jimeng@phei.com.cn。